ANALYSE

DE L'OUVRAGE DE MM. LAVOINNE ET PONTZEN

SUR LES

CHEMINS DE FER EN AMÉRIQUE

PAR

M. L. BOUDENOOT

EXTRAIT des Mémoires de la Société des Ingénieurs civils.

PARIS
E. CAPIOMONT & V. RENAULT
IMPRIMEURS DE LA SOCIÉTÉ DES INGÉNIEURS CIVILS
6, rue des Poitevins, 6
—
1883

ANALYSE

DE L'OUVRAGE DE MM. LAVOINNE ET PONTZEN

SUR LES

CHEMINS DE FER EN AMÉRIQUE

PAR M. L. BOUDENOOT.

Extrait des Mémoires de la Société des Ingénieurs civils

INTRODUCTION

MM. Lavoinne et Pontzen ont récemment fait hommage à la Société des Ingénieurs civils du second volume de leur grand ouvrage sur « les chemins de fer en Amérique. »

On se rappelle l'attention et l'intérêt qu'a excités le premier volume à son apparition, en 1880, tant par la clarté de l'exposition et la bonne division des matières que par la science profonde et l'esprit judicieux d'appréciation qu'on y rencontre.

Les mêmes qualités se retrouvent dans le second volume, qui abonde en détails techniques, et dont l'ensemble est parfaitement conçu. L'exécution des planches n'est pas moins remarquable que la disposition des figures qu'elles contiennent : on y trouve résolu le problème qui consiste à enfermer, dans un cadre déterminé, le plus de choses possible. Non seulement les ingénieurs, mais encore les économistes et tous ceux qui s'occupent de l'industrie des transports, voudront lire ce livre, qui sera souvent consulté, et toujours avec fruit, par les hommes qui ont à construire ou à exploiter des voies ferrées.

Aujourd'hui que l'ouvrage est complet, le moment est venu d'en présenter un compte rendu à la Société des Ingénieurs civils. Chargé de faire cette analyse, je ne saurais qu'effleurer les principaux points

d'un si important travail, dont les auteurs n'ont laissé de côté aucun des sujets qui se rattachent à la construction et à l'exploitation des chemins de fer. Mais je serai heureux si le rapide résumé que j'en présente montre combien de matériaux précieux il renferme, comme documents et renseignements techniques, et combien est approfondi l'examen lumineux qu'il contient de toutes les grandes questions relatives aux chemins de fer.

Je ne puis non plus que mentionner d'une manière générale toute la partie descriptive de l'œuvre, je veux désigner par là les nombreux passages consacrés à la description détaillée des installations, des appareils, des machines et du matériel des lignes américaines. C'est dans le livre lui-même, et dans les planches qui l'accompagnent, qu'il faut la rechercher.

Mais je m'attacherai à dégager, dans tout l'ouvrage, les considérations et appréciations techniques primordiales, les principes et les idées générales qui ont présidé à l'établissement et qui dominent l'exploitation des lignes américaines ; je m'efforcerai surtout de mettre en relief les différences qu'elles présentent avec celles de l'Europe et particulièrement de la France, et j'insisterai sur les divers points qui me paraîtront de nature à devoir attirer spécialement l'attention des ingénieurs français.

Aujourd'hui, en effet, que le grand programme de travaux publics, proposé par M. de Freycinet, est en pleine période d'exécution, il est utile et intéressant d'exposer de quelle manière et dans quelles conditions les Américains ont procédé de leur côté à l'exécution de travaux analogues, mais bien plus grandioses, si l'on songe que les États-Unis possèdent actuellement plus de 140.000 kilomètres de chemins de fer, dont 80.000 ont été construits dans les dix années de 1870 à 1880.

Ces diverses considérations établies, et après avoir signalé le substantiel aperçu, géographique et historique, que les auteurs ont placé au début de leur ouvrage, j'en aborde la revue analytique, non toutefois sans prévenir le lecteur que je passerai plus rapidement sur les matières contenues dans le premier volume, connu déjà du public, et que je m'étendrai davantage sur le second.

CONSTRUCTION

C'est à cette partie de la science technique des chemins de fer, que les ingénieurs désignent sous la rubrique générale de *Construction*, qu'est consacré le premier volume de l'ouvrage de MM. Lavoinne et Pontzen.

On comprend ordinairement sous ce titre : *l'infrastructure*, la *superstructure* et l'établissement *des gares et stations*.

INFRASTRUCTURE

Tracés. — Dans la première période de l'ère des chemins de fer, ceux-ci n'avaient guère, en Amérique, d'autre but que de servir à effectuer d'un fleuve ou d'un canal à un autre les transports qui ne pouvaient se faire par eau, et leurs tracés présentaient souvent une série de paliers séparés par des plans inclinés.

L'emploi définitif de la locomotive amena les ingénieurs américains à se rapprocher des conditions adoptées en Europe pour le tracé des voies ferrées ; mais on n'établit tout d'abord que des lignes, ou purement industrielles, ou des lignes de communication entre certaines villes importantes, toutes dues à l'initiative privée et la plupart composées de tronçons peu étendus ; ensuite on entreprit, avec le concours du gouvernement fédéral et des États, des voies d'intérêt général et des lignes à grand trafic. Aussi les compagnies américaines, suivant en cela un ordre précisément inverse de celui qui a été suivi en Europe, se sont-elles contentées longtemps de voies imparfaites, construites rapidement et à peu de frais, épousant autant que possible, à l'aide de courbes de court rayon et de fortes inclinaisons, les diverses inflexions du terrain ; et elles ne se sont décidées à s'imposer toutes les conditions d'établissement des grandes lignes européennes que pour les grandes voies complétant leurs réseaux, poussées enfin par la nécessité d'en rendre l'entretien et l'exploitation plus économiques.

Les tracés des lignes américaines se distinguent des nôtres par des déclivités plus fréquentes et plus fortes, par des courbes de plus petit rayon, puis par la réduction des terrassements, par la substitution, temporaire ou définitive, de viaducs en bois ou en métal à des remblais même peu élevés, enfin par la traversée des villes et villages, familiarisés par l'habitude à la circulation des trains au milieu de leurs rues.

Sur les lignes à grand trafic, le maximum d'inclinaison n'a pas dépassé 0m,022; mais, sur certaines lignes secondaires et surtout sur les lignes provisoires, on rencontre des inclinaisons de 0m,06 en alignement droit et de 0m,045 sur les courbes.

Le rayon minimum des courbes, fixé autrefois à 122 mètres, s'éloigne peu aujourd'hui de 200 mètres pour la voie normale (1m,445) des lignes à grand trafic : mais, sur les lignes secondaires, on trouve des courbes de 105 mètres de rayon combinées avec des rampes de 0m,026; seulement on doit y remorquer les trains avec deux locomotives en tête, et quelquefois avec trois machines dont une en queue.

Ces fortes courbures ne sauraient être admises en Europe, où, au lieu du matériel roulant flexible des Américains, on a adopté le matériel rigide des Anglais.

Les ingénieurs américains adoucissent, comme on l'a vu, les rampes dans les courbes et semblent même s'être mieux rendu compte que les ingénieurs européens de l'influence qu'exerce, sur l'économie de l'exploitation, la coïncidence des courbes et des rampes.

Profils en travers. Terrassements.— Si l'on considère les profils-types des lignes françaises à double voie normale, on voit que la largeur totale de la plate-forme varie entre 8m,02 et 9m,55 en remblai, et entre 8m,82 et 10m,34 en déblai.

Ce profil comprend : les quatre largeurs des rails, les deux largeurs de voie, l'entrevoie, les deux accotements, les banquettes, et, en déblai, les fossés.

Sur les lignes américaines à double voie normale, la largeur totale de la plate-forme ainsi définie est notablement inférieure. La différence porte sur l'accotement, dont la largeur moyenne aux États-Unis est de 1m,30, tandis qu'elle est en France de 1m,47, et principalement sur la banquette réservée au pied du talus du ballast. L'article 7 du cahier des charges français prescrit pour cette banquette une largeur de 0m,50 au moins. Aux États-Unis, la banquette est le plus souvent absente, et, quand elle existe, elle est beaucoup plus étroite.

D'autres différences à signaler consistent dans le peu de profondeur des fossés, dans le rapprochement des traverses et dans la moindre importance donnée au massif du ballast. Aussi, malgré le bombement de la plate-forme, son asséchement n'est pas assuré, et les ingénieurs américains doivent parfois recourir à des drainages dans les tranchées.

On se préoccupe peu, en Amérique, d'utiliser les déblais des tranchées pour les remblais, qui sont ordinairement peu élevés, et qu'on exécute le plus souvent au moyen d'emprunts faits aux terrains voisins. Mais on apporte dans l'exécution des terrassements le plus d'économie possible et la plus grande célérité. A cet effet, on les réduit au minimum, ainsi qu'on l'a dit plus haut, et on y remplace autant que possible la main d'œuvre, fort chère aux États-Unis, par le travail des outils et des machines mus par la vapeur. (Scrapers ou excavateurs, dragues à sec, machines perforatrices à percussion ou au diamant, abatages à la poudre, à la nitro-glycérine, à la dynamite, etc.)

Ouvrages d'art. Ponts. Fondations. Souterrains.— Contrairement à ce qu'on rencontre en Europe et surtout en France, on trouve, en Amérique, beaucoup plus de ponts en bois ou en métal que de ponts en maçonnerie.

Ponts en bois. —Les ponts d'une portée inférieure à 5 mètres sont construits avec de simples poutres ; ceux d'une portée de 10 à 12 mètres avec des poutres armées, renforcées par des tirants et des poinçons simples ou doubles.

Pour les ponts de moyenne portée, on s'est d'abord servi de fermes à semelles parallèles, renforcées par des arcs, puis de treillis en bois, où l'on a substitué peu à peu le fer au bois pour une partie des pièces soumises à des efforts de tension.

Ponts métalliques.— Cette substitution partielle était un premier pas vers la construction de ponts entièrement métalliques. Le développement immense de l'industrie du fer et l'invention de types économiques rendirent bientôt général l'emploi de ces ponts, dont le gouvernement fédéral fixa alors les conditions de débouché et de hauteur libre.

Nous ne saurions suivre MM. Lavoinne et Pontzen dans les longs et savants détails avec lesquels ils ont traité cette importante question de la construction des ponts et des viaducs. Les conditions de charge, le calcul des efforts, la construction des différentes pièces dont sont composées les fermes, les épreuves auxquelles on les soumet, le montage, etc., tout a été l'objet, de la part des auteurs, d'une étude minutieuse et complète, suivie, en outre, d'un grand nombre d'exemples, empruntés à peu près à toutes les lignes des États-Unis.

Disons seulement que la plupart des ponts américains peuvent être rattachés à deux types généraux :

Celui de la poutre armée soutenue par des poinçons et des tirants ;

Celui de la poutre à semelles parallèles réunies par des pièces, verticales ou inclinées, pouvant s'entrecroiser une ou plusieurs fois ou ne se rencontrer qu'à leurs extrémités.

Citons ensuite les traits qui distinguent les ponts américains des ponts européens :

Discontinuité des travées ;

Assemblage des pièces soumises à des efforts de tension au moyen de boulons formant axes d'articulatious, sans rivures ;

Disposition des fermes en systèmes articulés et concentration des efforts dans le sens de la longueur des pièces.

Notons enfin que les ponts mobiles, tournants ou à soulèvement vertical, sont beaucoup plus répandus en Amérique qu'en Europe ; qu'ils sont construits de manière à laisser libres à la fois deux passages d'un grand débouché ; mais que, malgré la célérité de leur manœuvre, ils sont considérés, en raison surtout de leur grand nombre, comme un obstacle fâcheux pour la navigation ; et la conclusion d'un rapport, fait à ce sujet en 1877 par le général Warren, est qu'il faut leur préférer des ponts fixes, à travées de grande ouverture et d'une hauteur convenable.

Fondations.— Les ingénieurs américains ont emprunté les divers systèmes de fondations usités en Europe et n'y ont guère apporté que les modifications exigées par les circonstances locales.

La fondation par *cribs*, ou encrèchements en charpente, est surtout employée pour les ponts provisoires, de même que les fondations sur plate-forme ou sur grillage.

Sur les fleuves et rivières où l'on a pu facilement profiter des basses eaux, on a exécuté des fondations par épuisement à l'intérieur de batardeaux.

Le système des pieux à vis a reçu quelques applications dans les terrains marécageux.

Mais les systèmes les plus répandus sont : les fondations par immersion de béton sous l'eau, et surtout les fondations à l'air comprimé, particulièrement propres à surmonter les obstacles qui résultent du régime exceptionnel des grands fleuves. C'est à ce dernier système que les ingénieurs américains ont apporté le plus de modifications et d'améliorations (emploi de la drague pour l'extraction des déblais, désagrégation de ces déblais par l'eau et l'air comprimé, abaissement de l'écluse à air, et autres procédés qui ont permis de mener à bonne fin des fondations de grande étendue et très profondes).

Quel que soit celui de ces divers systèmes de fondations auquel on ait recours, un trait distinctif leur est commun ; c'est l'emploi du bois, tandis qu'en Europe l'emploi du fer a été jusqu'ici exclusivement adopté.

Souterrains.— La préoccupation constante des ingénieurs américains étant de réduire considérablement les dépenses de premier établissement et la période improductive de la construction, on conçoit qu'ils aient plutôt cherché à éviter les souterrains qu'à perfectionner les moyens de les construire. Ils n'ont percé de tunnels que pour traverser les contreforts qu'on était absolument impuissant à tourner, et ils les ont faits le plus courts possible.

Leurs procédés de percement sont empruntés à l'Europe. Presque toujours c'est par la partie supérieure du tunnel qu'ils commencent le percement, et le revêtement, quand la nature du terrain ne permet pas de s'en dispenser. Ce revêtement est souvent en bois ; cependant on en exécute aussi en maçonnerie.

Les puits d'extraction sont le plus souvent placés dans l'axe même du tunnel ; on en réduit le nombre depuis que les procédés d'alignement et d'extraction en galerie ont été perfectionnés.

L'abatage se fait à la poudre et à la dynamite. Les ingénieurs américains donnent plus de profondeur aux trous de mine. Suivant l'exemple donné en Europe, ils font un grand usage des perforatrices mécaniques; mais ils les construisent et les emploient différemment, avec un personnel moins nombreux et d'une façon plus économique, grâce aux dimensions plus grandes admises pour les galeries d'avancement.

Abris contre la neige. Clôtures. Passages à niveau.— Pour se garantir contre la neige, soit amoncelée par les vents, soit tombée verticalement, on a dû recourir fréquemment en Amérique, où, pour une même latitude, le froid est bien plus rigoureux qu'en Europe, à divers systèmes d'abris variant suivant les cas.

Abris. Le meilleur préservatif contre les amoncellements de neige est le voisinage des forêts ou de hautes plantations : à leur défaut, on établit sur des lignes parallèles des écrans en bois, inclinés et à claire-voie, qu'on enlève pendant l'été.

Des toitures à inclinaison variable, constituées par de fortes charpentes, protègent la voie et les trains contre les avalanches.

Contre la chute naturelle et la charge verticale de la neige, on établit, au lieu d'écrans, des galeries couvertes, destinées dans le principe à abriter seulement les tranchées, mais qui se sont multipliées au point de devenir continues sur certaines sections de la voie.

Ces divers abris en bois ont exigé la création d'un service spécial, destiné à prévenir les incendies auxquels ils sont exposés.

Ajoutons que, dans les États du Nord et au Canada, on élargit la plate-forme, de manière à recevoir sur les côtés ou dans les fossés la neige repoussée par les appareils (chasse-neiges) que portent en hiver toutes les locomotives.

Clôtures. — Les chemins de fer américains ne sont pas clos aussi parfaitement et aussi rigoureusement que les chemins de fer européens. La question des clôtures de la voie est le plus souvent résolue au gré des Compagnies, auxquelles il n'est imposé, en général, aucune sujétion par les lois ou les cahiers des charges.

L'intérêt qu'ont les Compagnies à se garantir contre les réclamations d'indemnités, élevées par les propriétaires des bestiaux tués ou blessés sur la voie, est le motif puissant qui leur a fait établir, soit des fossés transversaux appelés *cattle-guards* (garde-bestiaux), soit des clôtures analogues aux nôtres (haies vives ou poteaux reliés par des lisses).

Passages à niveau. — La même liberté est laissée aux Compagnies en ce qui concerne les passages à niveau : elles ont droit, comme les localités traversées, d'en établir où bon leur semble ; mais elles sont tenues de placer un écriteau d'avertissement au droit de chaque passage à niveau, de ralentir la marche des trains et d'annoncer leur approche par un coup de cloche ou de sifflet. On tend toutefois à faire quelques exceptions à cette règle de liberté complète, en introduisant des règlements restrictifs pour les endroits où les populations se trouvent dans des conditions semblables à celles que l'on rencontre en Europe.

SUPERSTRUCTURE

Voie. — En Amérique, l'établissement de la voie est surtout rapide et économique. On ne songe à la rendre meilleure, achevée, parfaite, qu'au cours même de l'exploitation.

N'étant gênées ni par les règlements, ni par des préoccupations d'ordre politique ou militaire, les Compagnies de chemins de fer ont construit leurs lignes avec des voies de largeurs très diverses.

Entre la plus grande largeur, qui est de $1^m,83$, et la plus petite, de $0^m,763$, s'échelonnent les largeurs suivantes : $1^m,67$ — $1^m,52$ — $1^m,47$ — $1^m,45$ — $1^m,435$ — $1^m,06$ — $0^m,91$. La plus répandue est la voie de $1^m,435$, et, après elle, la voie étroite ($1^m,06$ et $0^m,91$).

Les ingénieurs américains, sans suivre à cet égard de règle précise, ont soin d'admettre dans les courbes le surécartement et le surhaussement des rails, ainsi que le raccordement avec les alignements droits.

Ils poussent très loin la réduction de l'entrevoie, et cela leur est possible, grâce au mode de construction particulier aux voitures américaines, qui ne présentent pas de portes latérales s'ouvrant en dehors.

En Amérique, on attribue au ballastage une importance bien moindre qu'en Europe. Sur les chemins de fer nouveaux, on trouve souvent les traverses simplement posées sur le sol naturel. Plus tard, on bourre la voie, et on établit 15 à 30 centimètres de ballast sous les traverses, mais sur une largeur relativement faible, et de manière à ne pas enterrer les têtes des traverses.

Traverses. — L'écartement des traverses est, en revanche, beaucoup moindre que sur les chemins de fer d'Europe. Les ingénieurs américains ont cherché, dans la multiplication des traverses, le moyen de consolider la voie, d'augmenter la surface d'appui et de réduire la partie libre des rails, comme il convient de le faire, ainsi que l'ont très judicieusement remarqué MM. Lavoinne et Pontzen, avec des rails légers et des essieux très chargés.

On emploie pour les traverses un grand nombre d'essences de bois qu'on trouve en abondance aux États-Unis et au Canada (chêne, sapin, mélèze, cèdre, cyprès, pin, mérisier, noyer, châtaignier, frêne, hêtre). Pour assurer la conservation des traverses on a recours, au besoin, à l'imprégnation des bois par un liquide antiseptique (huile de goudron, sulfate de cuivre), et l'on emploie pour cela les procédés usités en Europe et divers systèmes imaginés en Amérique.

Rails. — Les ingénieurs américains ont adopté, de préférence et presque exclusivement, le rail à patin, mais sous une forme plus trapue et plus légère que celle du rail analogue d'Europe. Suivant la tendance générale de l'augmentation de résistance de la voie et de celle des rails en particulier, on a augmenté le poids des rails en fer, et on les a remplacés peu à peu par des rails en acier.

Il n'y a rien de particulier à signaler touchant le mode d'attache et d'assemblage des rails (crampons, chevillettes, plaques d'appui, éclisses). On discute encore, en Amérique, comme en Europe, sur la position des joints, et l'on n'a pas établi, sur ce point, de règle fixe.

Les ingénieurs américains ont multiplié les études relatives aux changements et aux croisements de voies, aux plaques tournantes, aux chariots roulants, à la traversée des voies, ainsi qu'aux dispositions particulières (contre-rails, rails à ornière), que des circonstances locales (fortes courbes, passages dans les villes et les établissements industriels) motivaient impérieusement. Nous ne saurions, sans dépasser les limites, de ce compte rendu, nous étendre davantage sur ces divers sujets, traités dans l'ouvrage de MM. Lavoinne et Pontzen de la façon la plus compétente et avec de nombreux et intéressants détails.

Transbordement. — Mais, malgré le cadre restreint où nous sommes renfermé dans cette analyse, nous insisterons un peu plus sur les installations de transbordement, à cause de l'intérêt que comporte cette question pour les divers chemins de fer à voie étroite qui sont actuellement construits en France.

Quand les marchandises venant de la voie étroite n'ont que quelques kilomètres à parcourir sur la voie normale, on évite en général le transbordement par la pose d'un troisième rail entre les deux rails de la voie large.

Quand les différences entre les largeurs de voies qui se rencontrent sont faibles, on modifie légèrement les largeurs des voies dans le voisinage du point de jonction, de façon à diminuer l'écart; et l'on donne aux bandages des roues un excédent de largeur. Ainsi, on évite encore le transbordement grâce à la possibilité de faire circuler les wagons sur les deux voies.

Quand le transbordement est inévitable, on le fait, soit en déchargeant et rechargeant les marchandises à bras d'hommes ou au moyen de grues, soit en transférant les caisses des wagons sur d'autres trucks.

Cet échange de caisses est facilité par le mode deconstruction particulier aux voitures américaines. Les caisses ne sont rattachées aux trucks que par une cheville ouvrière et deux chaînes de garde: ces chaînes une fois détachées, il suffit de soulever la caisse ou d'abaisser le truck pour rendre libre la cheville ouvrière ; et l'on peut alors remplacer le truck propre à la voie que l'on quitte par le truck correspondant à la voie que l'on va suivre.

Ce système de transbordement s'applique même aux voitures à voyageurs.

Divers procédés ont été imaginés pour opérer le changement des trucks. Dans le système Ramsay, on n'a recours à aucune installation mécanique pour soulever les caisses ou pour abaisser et remonter successivement les trucks; mais l'opération est délicate et assez longue.

En général, on soulève les caisses au moyen de poutres ou de bras, qu'on avance sous les wagons, et qui sont portés par des verrins mus par une machine à vapeur.

Sur le chemin de fer de l'Érié, on emploie sur une grande échelle les plaques tournantes dans les appareils de transbordement. M. O. Chanute a installé une disposition qui permet de soulever simultanément deux caisses de wagons et d'opérer l'échange immédiat des trucks.

Les grues et autres appareils analogues sont peu répandus dans les gares américaines, où l'on s'attache principalement, quand les procédés expéditifs de changement de trucks ne sont pas appliqués, à approprier à la nature des matières transportées les moyens de les charger et de les décharger.

Pour les charbons, par exemple, ainsi que pour les minerais, le déchargement et le chargement s'opèrent en même temps, grâce à la construction spéciale des wagons, qui sont munis de clapets de fond ou de parois latérales mobiles, et à la différence de niveau qu'on établit entre les voies d'arrivée et les voies de réexpédition.

Pour les grains, on dispose dans les gares de vastes réservoirs, dans lesquels on les emmagasine à l'aide de chaînes à godets qui les enlèvent des wagons et aussi des bateaux (car cette installation n'est pas seulement établie pour le transbordement de wagon à wagon). — Ces réservoirs sont munis de trémies dont le fond vient s'ouvrir au-dessus des wagons placés sur la voie de réexpédition.

Le pétrole subit également un emmagasinage avant son chargement, lequel se fait au moyen de tuyaux débouchant dans les chaudières horizontales ou dans les cuves en tôles, que portent les wagons affectés à ce transport spécial.

D'après ce qui précède, on comprend qu'il n'est pas possible d'établir en général un prix moyen de transbordement. Disons seulement que l'évaluation des frais varie beaucoup suivant la source d'où elle émane. Le colonel Hulbert estime ces frais à 0 fr. 25 par tonne quand il s'agit de colis ; dans les mêmes conditions, les ingénieurs du Western-Maryland-Railroad les estiment à 0 fr. 50 dans le cas d'une opération directe et à 1 fr. 75 dans le cas d'un emmagasinage intermédiaire. Ils évaluent à 0 fr. 30 le prix moyen du transbordement par changement de trucks. Enfin M. Sickels donne le chiffre de 1 franc pour le transbordement d'une tonne de marchandises fait à bras d'hommes.

Remarquons, avec MM. Lavoinne et Pontzen, qu'il y aurait lieu de réduire ces chiffres de 40 à 50 pour 100, si on voulait les comparer aux frais de transbordement sur les chemins de fer français, par suite de la cherté de la main-d'œuvre dont le prix est beaucoup plus élevé en Amérique qu'en Europe.

Gares et stations, signaux. — *Stations.* — Il n'y a pas, en Amérique, de types de stations bien arrêtés. On les approprie le mieux possible aux exigences du trafic et aux besoins des localités traversées. Leur caractère principal est la simplicité, ainsi que la liberté d'accès laissée aux piétons et aux voitures. Il semble que ce soient des installations provisoires, à part quelques exceptions que fournissent les gares récemment construites dans les grandes villes de l'Est.

La plupart des stations ont été primitivement établies dans des pays presque déserts, et leur aménagement n'a d'ailleurs que peu d'importance pour les voyageurs, qui ne font guère que les traverser rapidement.

Aussi n'est-ce que longtemps après la mise en exploitation, et après bien des ajournements, que les Compagnies se décident à améliorer et à embellir leurs stations, et le public admet très bieu cet état de choses.

Un simple bâtiment est affecté d'ordinaire au service des voyageurs et des bagages; on y adjoint, quand la station est loin des centres habités, un buffet ou restaurant, qui occupe une aile de ce bâtiment ou un emplacement voisin.

Pour le service des marchandises, on se contente de hangars économiques en bois qu'on peut facilement déplacer ou agrandir, et sous lesquels on accorde vingt-quatre heures de dépôt en franchise.

Un autre trait caractéristique des stations américaines consiste dans l'absence des plaques tournantes et dans le grand nombre de changements de voie, intercalés dans les voies de garage pour faciliter les mouvements. Ces mouvements sont exécutés, soit à bras d'homme, soit à l'aide de chevaux, soit au moyen de petites locomotives spéciales.

L'espacement des stations est naturellement très variable, et dépend de la densité de la population.

Entre les stations proprement dites sont interposées des haltes, soit pour l'alimentation des machines en eau ou en combustible, soit pour la montée et la descente des voyageurs.

Mais c'est surtout par des exemples qu'on peut donner une idée des dispositions très diverses que présentent les stations américaines, petites, moyennes ou grandes. Aussi MM. Lavoinne et Pontzen ont-ils eu soin d'en décrire un grand nombre et de fournir des détails sur le service qui se fait dans chacune d'elles.

Après cette description vient celle de quelques hôtels de gare et de diverses installations pour le service des marchandises, pour le service de l'entretien et de la traction et pour le service de l'eau et du combustible; enfin celle de quelques ateliers de réparations, comme en possèdent même les plus petites lignes de chemins de fer.

Signaux. — L'organisation des signaux varie beaucoup en Amérique suivant l'importance des lignes. On y attache, en général, peu d'intérêt, contrairement aux habitudes européennes ; et l'on compte surtout, pour diminuer les dangers qui peuvent résulter de l'imperfection des signaux, sur l'action de freins continus et énergiques.

Il y a cependant quelques lignes dont l'organisation, à ce point de vue, peut soutenir la comparaison avec celle des chemins de fer européens.

Outre les signaux fixes, les signaux sémaphoriques, les signaux à distance, les signaux automatiques et les appareils Saxby et Farmer, il faut citer les signaux pour croisements de voie, dont l'utilité est plus grande en Amérique que partout ailleurs. Rappelons enfin que les ingénieurs américains étudient cette question avec un grand soin depuis quelques années, et qu'ils cherchent non seulement dans l'électricité, mais encore dans l'air comprimé, un moyen pratique de manœuvrer les signaux.

Ici se termine, à proprement parler, la première partie de l'ouvrage dont nous avons à rendre compte. Les auteurs l'ont complétée par un chapitre sur le **prix de revient**.

Mais ce chapitre consiste plutôt en tableaux qu'il faut lire qu'en développements susceptibles d'analyse. En effet, par suite de la grande variation de prix des éléments dont se compose le coût d'établissement des chemins de fer (matériaux, bois, pierre, métaux, intérêts des capitaux et surtout main-d'œuvre), et aussi à cause de la grande diversité des situations dans lesquelles les lignes sont livrées à l'exploitation, il est réellement impossible d'établir une comparaison générale, à ce point de vue, soit entre les lignes américaines et les lignes françaises, soit entre les différents chemins de fer américains eux-mêmes.

Quant à la décomposition de la dépense kilométrique totale entre les divers éléments du prix de revient, elle est analogue à celle qui est ordinairement admise en Europe, et elle s'établit, en général, de la manière suivante :

Indemnités de terrains et dommages;
Terrassements et maçonnerie ;
Ponts (ouvrages d'art) ;
Superstructure (voie et appareils);
Stations;
Matériel roulant ;
Frais généraux.

EXPLOITATION

Sous le titre général *d'exploitation* se trouvent comprises les diverses branches de l'étude des voies ferrées, qui ont trait au *matériel*, à l'*exploitation technique*, à *l'exploitation commerciale* et *au régime des chemins de fer*.

Dans une dernière partie, dont la rubrique est inscrite comme sous-titre à ce second volume, et qui clôt leur remarquable ouvrage, les auteurs se sont livrés à une étude spéciale des conditions d'établissement et d'exploitation des *chemins de fer à voie étroite* et des *chemins de fer dans les villes*.

MATÉRIEL DE TRANSPORT

Voitures et wagons. — Les *caractères généraux* du matériel américain sont : la grande longueur des wagons et leur suspension sur deux trucks articulés.

C'est en 1838 qu'on imagina de placer un truck articulé à l'avant-train des locomotives. Du matériel de traction l'application s'étendit au matériel de transport.

L'emploi du double truck et celui de longues voitures, qui en découle, ont eu de nombreuses et heureuses conséquences. Il en est résulté : d'abord une disposition plus rationnelle des attelages, par suite de la concentration sur l'axe même de chaque wagon des appareils de choc et de traction, puis la possibilité d'accrocher et de décrocher les wagons en pleine marche, enfin une plus facile inscription dans les courbes, et par conséquent une atténuation de l'effet des inégalités de la voie.

La disposition adoptée pour donner accès dans les voitures, qui consiste en deux entrées placées aux extrémités, a permis de supprimer les marchepieds latéraux et les compartiments transversaux, d'établir une libre circulation d'un bout à l'autre du train, et de donner à l'intérieur du wagon une plus grande largeur. De là des installations d'aménagement intérieur bien plus confortables et la possibilité de résoudre plus pratiquement les questions d'éclairage, de chauffage et de ventilation ; ce qui était rendu nécessaire en Amérique par le séjour prolongé que les voyageurs ont souvent à faire dans les wagons. Certains trains avec leurs salons, leurs wagons-lits, leurs wagons-restaurants, etc., sont de véritables hôtels.

Tels sont, pour les voitures à voyageurs, les avantages du double-truck. Ils sont moins nombreux et moins importants pour les wagons à marchandises dans lesquels on a dû conserver les portes latérales : aussi a-t-on maintenu, pour ce service, un certain nombre de wagons à quatre roues, tout en les appropriant à la nature particulière des transports.

Les avantages que nous venons d'énumérer, et auxquels il faut ajouter l'uniformité dans les éléments et l'accroissement de capacité et de résistance, ne sont pas sans être compensés par des inconvénients qu'il ne serait pas juste de passer sous silence.

Dans le matériel américain, les charges par essieu sont considérables ; la grande augmentation du poids des voitures conduit à augmenter le poids des locomotives ; elle facilite la dégradation de la voie, et cause l'usure plus rapide des rails : enfin le poids mort des voitures américaines, surtout des voitures à voyageurs et des wagons de luxe, est très considérable par rapport au poids utile, beaucoup plus qu'en France et en Angleterre.

En principe, les Compagnies américaines n'admettent qu'une seule catégorie de wagons, afin de ne pas heurter le sentiment égalitaire, si vivace dans la grande République du Nouveau-Monde.

Mais comme la démocratie des États-Unis, tout en rejetant les distinctions de classes, souffre très bien l'inégalité des fortunes, on a pu faire à ce principe des exceptions nécessitées par le double besoin de satisfaire la clientèle riche et de pouvoir transporter à bon compte les voyageurs indigents et les immigrants.

Aussi, en dehors des voitures à voyageurs ordinaires (passenger cars), il existe des voitures d'immigrants (immigrant's cars), des wagons-lits et des wagons-salons.

Voitures à voyageurs. — Les voitures américaines n'ont pas de compartiments transversaux ; de part et d'autre d'un couloir central sont disposés les sièges. En général, le dossier est réversible et placé par le conducteur de telle sorte que les voyageurs assis soient tournés vers l'avant du train ; leur largeur est de 1 mètre ou $0^m,92$, pour deux voyageurs : cette faible dimension et le peu de hauteur des dossiers ne les rendent pas très commodes.

La hauteur intérieure des wagons est assez grande ; les traverses du toit sont cintrées ; et, de plus, la partie centrale, au-dessus du couloir, est surélevée en forme de lanterne sur toute la longueur, et présente des carreaux fixes et des panneaux mobiles.

Les parois latérales des wagons sont construites solidement : on profite de leur épaisseur pour mettre aux fenêtres des doubles glaces, des persiennes remplaçant nos rideaux et un châssis portant une fine toile métallique, à l'aide de laquelle on se préserve de la poussière quand on a abaissé les doubles glaces. — Ce système de doubles parois s'applique également au plancher de la caisse. On obtient ainsi une température intérieure plus constante et une rigidité qui rend l'entretien du matériel moins coûteux, et qui diminue la gravité des accidents en cas de collision de trains.

A chaque extrémité de la voiture est une plate-forme à marchepied, souvent munie d'un tablier mobile, facilitant le passage d'une voiture à l'autre. Une corde de communication, placée à l'intérieur des wagons, les met tous en rapport avec le mécanicien, et les voyageurs, aussi bien que les conducteurs, peuvent correspondre avec lui.

Éclairage. — L'éclairage se fait soit au moyen de lampes à huile minérale, soit au moyen de bougies, soit au moyen de gaz de houille ou de pétrole.

M. Westinghouse a imaginé de faire servir l'air comprimé, qui actionne ses freins continus, à fabriquer le gaz nécessaire à l'éclairage. De cette façon, il n'y a plus besoin de lampes à huile de réserve, pour le cas où les voitures passent sur des lignes où l'on ne trouve pas les installations que nécessite la fabrication du gaz.

Ventilation et chauffage. — Tous les ingénieurs américains s'accordent à combiner le chauffage et la ventilation ; et, sur ce dernier point notamment, ils ont obtenu des résultats supérieurs à ceux qu'on peut constater sur les chemins de fer européens. Ils admettent en principe qu'une voiture à voyageurs de 70 mètres cubes de capacité doit recevoir par minute 28 mètres cubes au moins d'air pur, préalablement chauffé en hiver. C'est par aspiration qu'on enlève l'air vicié. On adapte pour cela aux faces extrêmes de la lanterne centrale des clapets ou persiennes, des châssis mobiles. On a aussi appliqué contre les fenêtres des palettes mobiles extérieures et revêtu la lanterne centrale d'une double couverture évasée à l'avant et à l'arrière.

Pour le chauffage, on s'est d'abord contenté d'un poêle d'angle en fonte, puis on en a installé deux ; enfin on a établi un poêle central où la combustion se fait par l'air vicié : l'air pur, aspiré par des tuyaux, s'échauffe, avant de pénétrer dans la voiture, dans une enveloppe adaptée au poêle.

M. Baker a imaginé un système de chauffage à l'eau chaude. D'un poêle d'angle part une conduite remplie d'eau, longeant la voiture et passant sous chaque siège, puis revenant au poêle.

Sur le chemin de fer pennsylvanien on a, pour tout le train, un foyer unique, constitué par une machine à vapeur et sa chaudière ; les conduites d'eau chaude sont assemblées d'une voiture à l'autre au moyen de tuyaux à articulation. Une pompe foulante produit la circulation de l'eau.

Toutes les voitures américaines sont munies d'un cabinet d'aisance et d'une fontaine d'eau fraîche.

Attelages. — Les attelages et les tampons sont placés dans l'axe des voitures. Cette coïncidence, qui a ses avantages, rend la construction un peu plus difficile. Quelquefois le tampon et l'attelage sont combinés en une seule pièce : dans d'autres cas le tampon est superposé à l'attelage. L'appareil d'attelage classique consiste en un chaînon qui pénètre dans des entailles ménagées dans des pièces formant tête d'attelage, et où il est fixé par des goujons. La tige d'attelage et celle du tampon sont reliées à la charpente du wagon par l'intermédiaire de ressorts en acier ou en caoutchouc.

Après le système d'attelage par chaînons et goujons sont venus les attelages automatiques : les systèmes Barker et Whitefort permettent d'accrocher les wagons en les poussant simplement les uns contre les autres, mais exigent pour le décrochage l'interposition des hommes d'équipe entre les wagons. Avec les systèmes Mac-Nabb et Miller on évite cette interposition. Le système Janney se distingue des précédents en ce qu'il est à deux tampons. L'accrochage se produit en exerçant une forte pression sur les tampons : le décrochage se fait au moyen de leviers placés sur la plate-forme comme dans le système Miller.

Trucks. — Chaque caisse repose sur deux trucks à deux essieux, et le châssis du wagon est indépendant du châssis dans lequel sont pris les essieux. Cette disposition permet aux voitures de passer plus aisément dans les courbes et amortit les chocs avant qu'ils soient transmis à la caisse du wagon.

Le châssis de la caisse est assemblé avec chacun des trucks au moyen d'une cheville ouvrière pivotant dans une crapaudine que porte la traverse maîtresse du truck.

Les chocs sont atténués, avant d'être transmis au châssis du truck, au moyen de tampons munis de ressorts en acier combiné avec le caoutchouc; ils le sont encore, avant d'être transmis à la caisse des wagons, par suite de l'interposition entre celle-ci et le châssis du truck d'un autre système de ressorts formant coussin.

Il y a des trucks à trois essieux employés pour des voitures spéciales, afin de ne pas dépasser la limite de charge considérée comme admissible par essieu de wagon.

Les *ressorts* employés dans les voitures américaines sont de trois sortes : les ressorts elliptiques à feuilles d'acier superposées ; les ressorts à boudin ou à volute, formés soit d'une seule spirale, soit de plusieurs juxtaposées ou emboîtées l'une dans l'autre ; les ressorts en caoutchouc.

Les voitures américaines portent un nombre de ressorts bien plus considérable que celui des voitures européennes. Le rapport de ces nombres varie entre 6 à 1, 8 à 1 et 9 à 1. On obtient ainsi une suspension meilleure, qui adoucit les trépidations, réduit les chances de rupture de ressort et atténue les conséquences de cette rupture.

Les *boîtes à graisse* et les *coussinets*, les *essieux* et les *fusées*, qui sont en usage sur les voitures américaines, sont très variés, mais ne présentent pas de différences notables avec les appareils analogues qu'on emploie en Europe. On a fait cependant, en Amérique, quelques tentatives pour construire des essieux à roues indépendantes. Mais les systèmes proposés (Miltimore et Harrisson), tout en diminuant les résistances à la traction et bien que ne présentant pas les dangers habituels des roues folles, ne se sont pas répandus, à cause de leur construction compliquée et de leur prix élevé.

Roues. — Les ingénieurs américains ont adopté presque exclusivement l'emploi des roues en fonte coulées en coquille.

La bonne qualité des minerais, les perfectionnements introduits dans la fabrication ont permis de faire supporter par des roues en fonte, dont le diamètre est souvent inférieur à celui des roues de nos voitures européennes, des wagons plus lourds que les nôtres, sur des voies moins bien entretenues, dans les trains les plus rapides aussi bien que dans les plus lents, et cela, sans qu'on ait eu à déplorer, au point de vue de la sécurité, les inconvénients qu'on semble redouter si fort en Europe.

MM. Lavoinne et Pontzen donnent dans leur ouvrage des détails très intéressants sur la fabrication des roues en fonte et sur les divers établissements où l'on pratique cette industrie. Nous ne pouvons ici que les mentionner, et citer l'usage que fait la Compagnie des Pullman Cars de roues en papier, plus élastiques et moins sonores.

Voitures de luxe. — En faisant varier les usages spéciaux des voitures, les compagnies américaines ont pu, sans paraître déroger au principe d'après lequel elles n'admettent qu'une seule classe de voitures, construire des wagons que leur installation, comme confort et comme luxe, rend souvent supérieurs aux wagons européens.

Dans les wagons-salons, chaque voyageur a son siège. La plupart des sièges sont montés sur un pivot vertical et on peut les placer dans une direction quelconque. D'autres sont fixés contre les parois ou dans les angles. Souvent on établit dans ces wagons des coupés isolés, destinés à recevoir des sociétés de plusieurs personnes.

Les wagons-lits, dont l'usage a pris, en Amérique, à cause de la grande durée des parcours, une extension considérable, ne datent guère que de 1859. Mais leur construction a été l'objet, depuis cette époque, d'un grand nombre de perfectionnements dont la plupart sont dus à M. G. Pullman, de Chicago. On comprend facilement que le mode de suspension des caisses et leur grande longueur aient permis de réaliser, en Amérique, des installations bien plus avantageuses que celles qu'on rencontre dans les voitures correspondantes des lignes européennes.

Voitures à usages spéciaux. — On peut à la rigueur se dispenser des wagons-salons et des wagons-lits, qui sont de véritables voitures de luxe. Mais il est d'autres voitures qui répondent à des nécessités urgentes et dont l'usage est, en Amérique, indispensable.

Tels sont : les wagons-salles à manger, qui sont généralement supportés par des trucks à six roues leur assurant plus de stabilité, et qui parcourent les lignes où l'on n'a pas créé de stations-buffets ; les wagons-table-d'hôte introduits dans les trains express de New-York à Chicago.

Citons ensuite : la voiture-bureau ; les voitures pour le service des postes ; les wagons du personnel, (caboose-car), destinés aux agents des trains de marchandise ; enfin les wagons pour bagages et pour messageries.

Wagons à marchandises. — Comme les premières voitures pour voyageurs, les wagons à marchandises étaient autrefois montés sur quatre roues. Mais ils ont subi à leur tour les mêmes modifications, et, sauf pour les wagons à charbons de quelques chemins de fer, le système de suspension sur les trucks pivotants leur est aujourd'hui généralement appliqué.

Leur poids propre a ainsi augmenté ; mais en même temps on a accru leur capacité et leur charge utile. Sur certaines lignes il existe des wagons à marchandises qui, vides, pèsent 10 à 11 tonnes et qui portent jusqu'à 20 tonnes.

Le trafic considérable de certains produits et de certaines marchandises a amené à approprier à leur transport différents types de wagons. Tels sont : les wagons à charbon et à minerai, qui sont à clapets de fond ou à bascule, de manière à pouvoir se déverser latéralement ; les wagons à grains, dont les portes latérales, en général doubles, font office de vannes pour le déchargement ; les wagons à pétrole, consistant en une chaudière horizontale ou en plusieurs cuves verticales ; les wagons à bestiaux, généralement à claire-voie ; les wagons à fruit et à lait, qui sont munis de tablettes destinées à recevoir les paniers et les brocs ; les wagons-réfrigérants, affectés surtout au transport de la viande fraîche à grande distance ; enfin les wagons à chaux, qui, d'ordinaire, n'ont que deux essieux.

Pour les marchandises ordinaires, on se sert le plus souvent, en Amérique, de wagons couverts ; on ne transporte guère en wagons découverts que les matières ne craignant ni la pluie, ni la gelée, les ingénieurs américains employant rarement les wagons ouverts abrités par des bâches en toile goudronnée.

La substitution du fer au bois, dans la construction des wagons, est plus fréquente pour les wagons à marchandises que pour les voitures à voyageurs. Certains wagons à charbon sont complètement en fer.

Les Américains donnent aux châssis des wagons à marchandises une grande solidité, de manière qu'ils puissent résister aux nombreux chocs résultant du démarrage, de l'arrêt, de la vitesse inégale de la marche et aussi de l'accrochage, qui se fait, pour certains wagons, en les abandonnant à eux-mêmes sur de fortes pentes.

Les trucks sont construits d'après les mêmes principes que ceux des voitures à voyageurs; mais leurs éléments sont plus robustes. Les attelages sont plus simples et n'ont qu'un faible jeu. De part et d'autre de l'attelage, on place souvent des tampons de garde, pour que les barres d'attelage ne souffrent pas trop des chocs violents.

En résumé, si l'on compare les voitures américaines aux voitures françaises, on peut dire : pour les voitures à voyageurs, qu'elles sont, aux États-Unis, plus hautes et contiennent plus de monde, mais qu'elles sont plus légères en France ; que, pour les wagons à marchandises, le surcroît de poids du matériel américain s'accentue encore davantage par suite de la difficulté d'utiliser la grande capacité des voitures et à cause de la nécessité d'une construction plus robuste.

Quant au prix des voitures, il varie, en Amérique :

1° entre 360 et 410 francs par siège pour les voitures à voyageurs ordinaires;

2° et entre 2.500 et 7.290 francs par voyageur pour les voitures de luxe.

Pour les wagons la dépense varie dans les limites suivantes :

1° 220 francs par tonne de chargement pour les wagons couverts;

2° 143 à 162 francs par tonne de chargement pour les wagons à charbon à 8 roues;

3° 184 francs par tonne de chargement pour les wagons à charbon à 4 roues.

Locomotives et tenders.— Depuis l'année 1829, où M. H. Allen introduisit en Amérique la première locomotive, ces machines y ont passé par de nombreuses phases d'amélioration.

En 1831, les chaudières horizontales remplacent les chaudières verticales.

Jusqu'en 1832 la locomotive américaine ne se distingue guère de la locomotive européenne. A cette époque, l'adoption du truck articulé ouvre une voie nouvelle. L'année suivante Baldwin construit la première machine avec cylindres horizontaux.

De 1832 à 1840, les ingénieurs des États-Unis, et surtout Baldwin et Rogers, réalisent les perfectionnements suivants : accroissement de la pression effective de 4 à 9 atmosphères ; — substitution du fer au bois dans les châssis ; — disposition des cylindres sous la boîte à fumée ; — introduction des balanciers pour l'égalisation des charges.

En 1835, Baldwin construit le type *American*, à deux essieux moteurs et avant-train mobile. En 1844, le fer est substitué au cuivre pour la construction des tubes. En 1848, on aborde la construction des machines à grande vitesse. En 1850, paraissent les locomotives à 3 essieux accouplés, puis à 8 roues accouplées, sans avant-train. En 1854, Ross Wynans construit une locomotive à 8 roues accouplées et à avant-train à 4 roues.

En 1857, le train Bissel est introduit sous le nom de *pony-truck* dans les machines à 6 roues accouplées ; dans le même temps, la coulisse Stephenson se généralise en Amérique. A la même époque, on voit se répandre l'invention de Smith, consistant dans l'extension de la boîte à feu, et l'emploi de l'acier dans la construction des locomotives.

Depuis environ vingt ans les machines américaines n'ont plus subi de modifications essentielles ; elles se rattachent à trois types principaux, dont les dispositions de détail seules varient avec les exigences du trafic :

Le type *American*, cité plus haut, à quatre roues motrices et avant-train à 2 essieux.

Le type *Mogul*, à six roues accouplées et pony-truck antérieur.

Le type *Consolidation*, à huit roues accouplées et pony-truck antérieur.

Nous allons maintenant indiquer, dans une revue rapide des divers éléments de la machine américaine, ce qui la distingue des locomotives européennes.

Le véhicule de la locomotive américaine doit sa flexibilité et sa stabilité à l'emploi de l'avant-train articulé, ou truck mobile, et surtout à celui des balanciers qui égalisent les charges agissant sur les roues motrices et réalisent entre ces roues et celles du truck une répartition constante des charges.

Le châssis présente, aux États-Unis, plus d'épaisseur que de hauteur; il porte un prolongement au delà de la face antérieure des cylindres, poitrail auquel est fixé l'appareil dit *cow-catcher* (chasse-vaches), destiné à repousser les blocs de pierre et les bestiaux qui lui feraient obstacle.

Si les essieux ressemblent assez aux nôtres, il n'en est pas de même des roues qui sont en fonte en coquille pour les avant-trains et quelquefois même pour les roues motrices; généralement, dans ces dernières, le bandage est en acier, les rais et la jante en fonte.

Les cylindres sont placés, extérieurement et symétriquement, sur la partie antérieure du châssis; leur axe est à peu près horizontal; le corps des pistons est en fonte, les segments sont en bronze doublé de métal blanc.

Le cuivre est maintenant exclu de la construction des boîtes à feu et des chaudières. Les boîtes à feu sont d'une plus grande longueur et d'une plus grande largeur; les tubes sont moins longs et moins nombreux; l'enveloppe extérieure de la chaudière a un diamètre plus petit qu'en Europe.

Les grilles ont aussi de grandes dimensions. Si le combustible dont on se sert est du bois ou de la houille, les barres sont en fonte; si c'est de l'anthracite ou de la houille maigre, elles consistent en tubes creux dans lesquels circule de l'eau.

La boîte à fumée repose sur les cylindres, dont les tuyaux d'échappement viennent déboucher séparément dans cette boîte, où l'on place parfois les appareils garde-étincelles, qu'on loge aussi dans la cheminée.

L'alimentation est assurée au moyen de l'injecteur; mais les machines américaines portent encore des pompes.

Les soupapes de sûreté sont construites de façon que la vapeur qui les soulève ne soit pas prise à proximité de l'orifice démasqué; on évite ainsi les intermittences d'ouverture et de fermeture qui se produisent parfois, avant que la pression de la vapeur l'emporte sur celle du ressort.

Contrairement à l'usage européen, les locomotives américaines ont toutes une cabine (*cab*) pour le mécanicien.

En dehors des trois types principaux que nous avons cités se placent les locomotives à grande vitesse, qu'on construit seulement depuis quelques années, et les locomotives-tenders appropriées au service des gares.

Les tenders américains ont, d'ordinaire, une plus grande capacité que ceux d'Europe, à puissance égale de machine, à cause du grand espacement des prises d'eau sur les lignes. Les tenders sont le plus souvent montés sur deux trucks, différant peu de ceux des wagons, et généralement tous deux munis de freins.

Le prix des locomotives et tenders est notablement inférieur à celui des machines d'Europe; et, comme elles n'exigent, malgré les longs parcours qu'elles fournissent, que de faibles frais d'entretien, on doit reconnaître que ce bon marché n'est pas obtenu aux dépens de la qualité. Il est dû, d'après MM. Lavoinne et Pontzen, à la substitution du fer au cuivre pour les tubes, de l'acier au cuivre pour les boîtes à feu, de la fonte au fer pour les roues et bandages, et aussi au nombre restreint de modèles qu'on a eu à adopter dans chaque usine.

Freins. Appareils enregistreurs.— Dès l'origine, les ingénieurs des chemins de fer d'Amérique ont pourvu de freins tous les tenders, toutes les voitures à voyageurs et un grand nombre de wagons à marchandises, tant ils ont reconnu la nécessité, sur leurs voies où la surveillance et l'entretien laissent relativement beaucoup à désirer, de disposer de moyens puissants et nombreux de modérer et de détruire la vitesse des trains.

Les premiers freins furent des freins à main, et on en rencontre encore beaucoup, surtout sur les wagons à marchandises. Les sabots des freins sont généralement en fonte, ils s'appliquent aux roues : cependant on peut citer des freins à patins sur quelques lignes à fortes pentes.

Toutes les voitures à voyageurs étant munies de freins, l'idée de les relier tous entre eux suscita, dès 1852, des essais de freins continus, mis simultanément en jeu par le mécanicien lui-même.

Les premiers freins continus n'étaient ni instantanés, ni automatiques, ni modérables.— Pour obtenir ces qualités, on essaya différents moyens de transmission : les ressorts Creamer, l'eau sous pression, l'électricité et enfin l'air comprimé ou raréfié.

C'est ce dernier système qui, en Amérique comme en Europe, a prévalu. Avec les différents freins à vide, Smith, Eames, Empire, on obtient une action rapide, qu'on peut répéter fréquemment, mais non automatique.

Les systèmes de freins à air comprimé appliqués d'abord sur les lignes américaines, le frein Loughridge et le frein Westinghouse primitif, ne possédaient pas non plus l'automaticité. Mais les transformations du frein Westinghouse, et les perfectionnements qu'il a subis depuis 1873, ayant eu pour résultat d'en rendre l'action à la fois automatique et sensiblement simultanée sur toute la longueur du train, l'ont fait appliquer sur un grand nombre de lignes ; et il était, en 1878, adopté par 119 Compagnies exploitant plus de 8.000 kilomètres de chemins de fer.

Les essais comparatifs entrepris sur les freins continus ont donné naissance à l'Enregistreur de M. Westinghouse, le plus remarquable des appareils destinés à contrôler la marche des trains. Après cet appareil ceux de M. Wythe et de M. Kettell sont assez répandus en Amérique, mais ne donnent pas directement la vitesse comme le précédent.

Pour l'examen de la voie, on emploie fréquemment l'appareil inventé par M. Pitcairn, et le Dynagraphe Dudley, qui enregistre à la fois toutes les circonstances du parcours des trains, les variations des efforts de traction comme les inégalités de la voie, et les totalise pour un parcours donné.

Bacs à vapeur.— L'impossibilité, dans certains cas, et souvent la grande difficulté, technique ou financière, d'établir des ponts sur des cours d'eau trop larges ou trop profonds, ont amené les Américains, qui se préoccupent surtout de faire des économies de temps et d'argent, à établir de nombreux services de bacs à vapeur ou *ferry-boats*, destinés à porter des trains avec ou sans locomotive.

Tels sont : les bacs de Jersey-City, de Détroit et du Sacramento, et les nombreux ferry-boats traversant la baie intérieure dont le port de

San-Francisco occupe l'entrée et mettant cette ville en communication avec les diverses voies ferrées qui aboutissent aux autres ports de la baie.

EXPLOITATION TECHNIQUE

Organisation des services.— La liberté complète dont jouissent en Amérique les Compagnies de chemins de fer, la variété des conditions dans lesquelles elles se forment et se développent, font qu'on y rencontre les organisations les plus différentes.

Nous ne pouvons qu'indiquer les caractères généraux de cette organisation, et particulièrement ceux qui la distinguent de l'organisation habituelle en France ; ce sont d'abord : l'unité et l'énergie de direction, la permanence de l'Administration, et la concentration, entre les mains des membres du conseil d'administration ou de surveillance, du contrôle et de l'administration directoriale.

Une grande importance est donnée aux services commerciaux et financiers, parce que les Compagnies américaines se considérent surtout comme faisant des entreprises financières et commerciales, ont en portefeuille les actions et obligations d'autres Compagnies sur lesquelles elles spéculent, et font de grandes opérations de commerce sur les concessions de terres.

L'organisation des services techniques a ceci de remarquable qu'elle laisse une large place à l'initiative des agents, dont la responsabilité est en raison directe de leur liberté et se trouve engagée directement et personnellement vis à vis du public.

Le service de comptabilité est le seul qui soit fortement centralisé, et il l'est d'une façon excessive. Sur presque tous les réseaux les comptes sont tous vérifiés au siège social et payés par un agent unique, qui parcourt à cet effet les lignes de la Compagnie avec son wagon spécial. Il en résulte dans le fonctionnement de ce service une lenteur qui contraste avec la promptitude de l'expédition des affaires courantes, lesquelles se traitent très souvent de vive voix ou par dépêche télégraphique.

Le recrutement des employés supérieurs se fait généralement parmi les ingénieurs sortis des écoles ou parmi les employés ayant fait toute leur carrière dans la Compagnie.

Le personnel inférieur se recrute, et peut être congédié, à volonté. Des sociétés de secours mutuels et d'assistance viennent en aide aux employés malheureux. Certaines Compagnies ont des hôpitaux. Citons aussi les associations où sont débattues les questions intéressant les services spéciaux et où les employés peuvent compléter leur instruction, telles que l'association des maitres-mécaniciens et celle des constructeurs de wagons.

Le nombre total des employés dans chaque Compagnie est plus faible qu'en France. Chez nous, il est de 8,56 par kilomètre, en Amérique il varie de 4 à 6.

Entretien et surveillance de la voie.— Le service de la surveillance de la voie est fort simplifié en Amérique, parce que les Compagnies n'ont à se préoccuper que de la sécurité des trains, tandis qu'en Europe elles ont, en outre, à veiller à la sûreté du public partout où il peut accéder sur la voie. Aussi le personnel de ce service est assez peu nombreux et concentré spécialement sur la surveillance des ouvrages d'art, hauts remblais, tranchées à talus instables, et souterrains.

Mais le service de l'entretien de la voie est plus compliqué que chez nous, parce qu'on lui fait supporter des travaux qui, en Europe, sont rattachés au premier établissement de la voie, tels que le ballastage, l'élargissement et l'assainissement de la voie, les terrassements et remblais définitifs.

Le peu de durée des traverses et leur remplacement fréquent contribuent aussi à charger le service de l'entretien. La substitution de l'acier au fer a heureusement rendu moins nombreux les besoins de réparations des rails et diminué de ce chef les frais d'entretien, que vient encore augmenter la nécessité, imposée par la rigueur du climat, de munir les traverses de cales spéciales et d'adapter aux locomotives des appareils peu usités chez nous, (chasse-neige, tranche-glace, etc.).

Traction. — De tous les services, le plus important est celui de la traction. C'est là qu'on voit réalisées le plus d'améliorations et d'économies, grâce au zèle et à l'intelligence du personnel, qu'on ne cesse de stimuler ; et l'on a obtenu des résultats bien supérieurs à ceux que présentent, à ce point de vue, les services européens.

Le service continu et le maintien en feu des locomotives, le plus longtemps possible, produisent une meilleure utilisation du combustible et aussi de la machine tout en diminuant les frais d'entretien. Le parcours moyen annuel des locomotives, ainsi que celui du reste du matériel de transport, atteint un chiffre bien plus élevé que celui qu'on obtient en Europe. Celui des machines varie de 42.000 à 54.000 kilomètres : en France, il est d'environ 25.000 kilomètres.

Des primes importantes amènent le personnel à user non seulement moins de houille, mais aussi moins d'huile, de graisse, de déchets, etc. Enfin les ingénieurs apportent le plus grand soin à régler la charge des trains de manière à tirer le meilleur parti possible de la force de traction de chaque locomotive.

Mouvement. — Le service du mouvement est organisé en Amérique d'une manière très différente du mode européen ; et cela tient à ce que, le personnel sédentaire étant très restreint et le nombre des signaux peu élevé, c'est au personnel des trains mêmes qu'incombe le soin d'assurer la sécurité de la marche.

Ainsi les chefs de gare ne s'occupent guère que du service commercial et des manœuvres intérieures, et un personnel spécial est chargé des signaux et des communications télégraphiques intéressant la sécurité de la voie. Ils ne donnent pas d'ordres de départ ou de stationnement, et le conducteur du train préside à tous les mouvements en même temps qu'il fait la police.

Les agents des trains, les agents spéciaux préposés dans les gares importantes à la composition et à la décomposition des trains, les télégraphistes des gares intermédiaires sont tous sous les ordres d'un *conducteur général du mouvement*, attaché à l'ingénieur en chef de l'exploitation qui règle la marche des trains.

Les trains sont divisés en trois classes, et on admet en principe qu'un train de classe inférieure doit dans tous les cas laisser la voie libre à un train de classe supérieure :

Les *trains réguliers*, qui sont spécifiés sur le tableau de marche où figurent les heures de départ et d'arrivée et l'indication des points de croisement.

Les *trains supplémentaires*, qui, ajoutés de temps à autre, suivent presque immédiatement les trains réglementaires et leur sont assimilés pour les conditions de marche.

Les *trains irréguliers*, qui se multiplient à l'époque des grandes expéditions de céréales; ils sont intercalés entre les trains réguliers et exigent de la part du *train-dispatcher*, chargé de les diriger au moyen du télégraphe, une attention extrême et un énorme travail.

Pour la protection des trains et l'organisation des signaux, les lignes les mieux exploitées des États-Unis sont inférieures aux lignes européennes. Seule la Compagnie du Pennsylvania-Rail-Road applique le block-system comme en Europe; encore n'est-ce que le block-system permissif, et non absolu.

Signalons cependant la confiance, bien plus accusée qu'en Europe, accordée par les ingénieurs américains aux signaux automatiques généralement mus par l'électricité.

La composition et la marche des trains de voyageurs se règlent sur les besoins du trafic et les conditions d'établissement de la voie. On en distingue quatre sortes : les trains omnibus ou locaux, les trains express ou directs, les trains postaux et les trains rapides.— La vitesse des trains est généralement inférieure à celle des trains d'Europe.

Mais le trait distinctif du service des voyageurs dans les chemins de fer d'Amérique consiste dans le checkage et la multiplicité des locaux où l'on peut prendre les billets (bureaux en ville, hôtels, etc.).

Le checkage est le mode d'enregistrement et de délivrance des bagages. Il consiste à attacher au colis une plaque de cuivre numérotée; on remet au voyageur une plaque semblable qu'il lui suffit de présenter à l'arrivée pour obtenir son bagage.

Le service des marchandises est à peu près également réparti entre les trains réguliers et les trains irréguliers.

Les manœuvres en gare des trains de marchandises sont lentes; leur vitesse est faible : aussi, malgré la facilité avec laquelle les établissements industriels obtiennent des embranchements particuliers, on s'accorde à reconnaître à ce point de vue l'infériorité de l'exploitation américaine.

Accidents. — On est généralement porté à exagérer la fréquence des accidents qu'ont à enregistrer les Compagnies de chemins de fer d'Amérique.

La part des accidents par imprudence y est assurément plus forte qu'en Europe; mais cela tient à la grande liberté qui est laissée aux Américains de circuler sur la voie et dans les trains, et cela ne doit pas, par conséquent, être mis au compte des Compagnies.

Les accidents de trains proprement dits, tout en étant plus rares que les précédents, sont cependant plus fréquents qu'en Europe. Ils sont dus principalement au mauvais état de la voie, au défaut de résistance des ouvrages d'art, à l'imperfection des signaux.

On constate d'ailleurs depuis quelques années une diminution progressive du nombre des accidents. Quant aux caractères qu'ils présentent, on conçoit qu'il y ait, relativement à ce qui se passe sur les chemins de fer européens, de notables différences dues au mode spécial de construction du matériel américain. C'est ainsi qu'en cas de collision les voitures au lieu de monter les unes sur les autres s'emboîtent l'une dans l'autre (*telescoping*) ; souvent aussi les caisses quittent leurs trucks et continuent à marcher comme des espèces de wagons-traîneaux ; enfin l'emploi du bois dans les constructions et le système de chauffage au moyen de poêles rendent les accidents par incendie beaucoup plus fréquents qu'en Europe.

EXPLOITATION COMMERCIALE

Les quatre chapitres groupés sous ce titre dans l'ouvrage de MM. Lavoinne et Pontzen, et notamment ceux qui ont trait aux tarifs et au régime de la concurrence et de la coalition, sont particulièrement intéressants et méritent d'attirer l'attention de toutes les personnes qui s'occupent de ces questions si complexes et si controversées. Nous ne pouvons ici que citer quelques chiffres comparatifs et quelques résultats.

Importance du Trafic. — En ce qui concerne le mouvement des voyageurs, on peut dire qu'en moyenne la population ne voyage pas beaucoup plus aux États-Unis qu'en France ; et même sur les lignes américaines les plus importantes, le mouvement des voyageurs rapporté à la distance entière est généralement loin d'atteindre celui des grandes lignes françaises. Mais, en revanche, le mouvement des marchandises est double, et parfois triple, de celui de nos lignes les plus chargées. Cet immense mouvement est alimenté : de l'Ouest à l'Est, par les céréales, les bestiaux, les viandes, le coton, le tabac ; et de l'Est à l'Ouest par les objets manufacturés provenant des États de l'Est ou importés d'Europe. Les produits des mines (houilles, huiles, minerais, métaux) se partagent entre les deux directions.

Les vastes marchés de l'Ouest et du Sud sont ainsi reliés aux ports de l'Océan par de grandes lignes qui, tantôt parallèles et tantôt se croisant, disputent les transports aux deux grands systèmes de voies navigables qui enserrent en quelque sorte leurs réseaux : au nord, le système des grands lacs, du Saint-Laurent et du canal Érié ; au sud et au centre, le système du Mississipi, du Missouri et de l'Ohio.

Concurrence et Coalition. — Ce n'est pas seulement contre les canaux, mais aussi et surtout entre elles, que les Compagnies américaines se sont livrées à une concurrence d'autant plus aiguë qu'indépendamment de la pénétration des divers réseaux les uns par les autres, l'organisation du service commercial, livré à des agents libres de faire subir toute sorte de modifications aux prix des transports, favorisait dans une mesure considérable les guerres de tarifs.

De là l'instabilité et l'extrême variabilité des tarifs, la manière arbitraire d'en faire l'application, et les crises commerciales et financières, si nombreuses et si vives, qu'ont eu à subir les Compagnies, jusqu'à ce qu'enfin, à ce régime d'une concurrence effrénée, soit venu succéder, dans ces dernières années, celui de la coalition des Compagnies, ou plutôt le système des associations de tarifs de transit, qui est une sorte de transition entre le régime du monopole et celui de la concurrence.

Tarifs. — D'après ce qui précède, on comprend aisément que ce qui caractérise les tarifs américains est leur manque absolu de fixité et d'uniformité Il sont restés ce que la nature des choses les avait faits dès le principe, essentiellement différentiels. Ils varient, sur la même ligne, avec le sens et la situation du parcours, avec la distance, l'époque de l'année, etc., et cela; pour la même classe de voyageurs et de marchandises.

Voici les principales distinctions établies :

En ce qui concerne les voyageurs, on distingue : les tarifs pour voyageurs à parcours partiel et les tarifs pour voyageurs à parcours total, ceux-ci beaucoup moins élevés que les précédents appelés aussi tarifs locaux ; les tarifs pour immigrants; les tarifs pour grandes distances ; les tarifs pour voyageurs de banlieue, pour trains d'ouvriers ; enfin les tarifs pour voitures de luxe.

En ce qui concerne les marchandises, on divise les tarifs en deux grandes catégories : les tarifs locaux et les tarifs de transit.

Depuis l'établissement du régime des associations de tarifs, le syndicat des grandes compagnies a établi, et appliqué à chacune de ces deux grandes catégories, une classification des marchandises en onze séries, d'après leur valeur décroissante. Aux six premières classes on applique des tarifs fixes ; les cinq autres sont à tarifs variables.

Le besoin d'organiser des services spéciaux pour les transports à grandes distances, a donné naissance, en Amérique, aux *Compagnies spéciales de transport*, aux Compagnies fournissant des *wagons en location* et aux *lignes coopératives* se chargeant des transports qui empruntent plusieurs réseaux.

Il n'y a pas de délais de livraison imposés aux Compagnies ; toute marchandise, non enlevée dans les vingt-quatre heures après avis de l'arrivée, acquitte un droit de magasinage.

En résumé, le prix du transport par kilomètre est, pour les voyageurs, plus élevé en Amérique qu'en France ; mais les tarifs pour marchandises, généralement inférieurs à quatre et même à trois centimes par tonne kilométrique, sont notablement moins élevés que les nôtres, dont la moyenne est de six centimes.

Prix de revient. — Cet abaissement des tarifs a eu pour conséquence d'obliger les Compagnies américaines à apporter dans l'exploitation la plus stricte économie, et les progrès réalisés dans cette voie, les placent, à ce point de vue, sur un bien meilleur pied que la plupart des compagnies européennes.

Tandis qu'en France, par exemple, le prix de revient moyen par tonne kilométrique transportée était, en 1878, de deux centimes et demi sur l'ancien réseau et de quatre centimes sur le nouveau, il n'atteignait en Amérique que 2 centimes 10.

RÉGIME FINANCIER ET LÉGAL

Au moment où le régime des chemins de fer est l'objet, en France, de controverses et de débats quotidiens, tant dans le monde des ingénieurs et des économistes que dans la presse et dans le Parlement, il est d'un grand intérêt de savoir comment cette question est résolue à l'étranger, et particulièrement dans la grande république américaine, qu'on donne si souvent pour modèle à notre démocratie.

Il faut savoir gré à MM. Lavoinne et Pontzen d'avoir traité ce sujet avec une clarté et une précision toute scientifiques, d'avoir réuni des chiffres et des statistiques nombreuses, et coordonné des documents précieux pour quiconque voudrait prendre part à cette grande discussion.

Organisation financière des Compagnies. Résultats financiers. — L'organisation et la situation financières des Compagnies de chemins de fer aux États-Unis se ressentent naturellement du caractère et des mœurs propres à la nation américaine ainsi que des conditions particulières dans lesquelles se sont développées les voies ferrées.

Tandis qu'en France des lignes se créent pour satisfaire à des besoins de transport déjà connus, l'industrie des chemins de fer s'est souvent appliquée, en Amérique, à des contrées où n'existait encore aucun trafic, et qu'il s'agissait de transformer, d'animer, de coloniser.

De là les nombreuses et brusques oscillations qui se sont produites dans les résultats financiers de l'exploitation des lignes américaines, ces faillites fréquentes et considérables des Compagnies, ces séquestres et ces ventes de réseaux entiers, et parfois la saisie et la mise en adjudication de tout le matériel d'une Compagnie. Mais ces désastres financiers n'arrêtent pas l'exploitation ; ils ne produisent qu'un temps d'arrêt dans le développement des chemins de fer et n'empêchent pas, en fin de compte, qu'il ne s'établisse un équilibre satisfaisant.

Actuellement, en effet, la rémunération moyenne des capitaux engagés dans les chemins de fer américains est environ de 4,5 pour 100, et cela pour le total respectable de vingt-cinq milliards et demi.

Ce capital est, comme en Europe, souscrit en actions et en obligations; mais la répartition entre ces deux titres est beaucoup plus variable que chez nous, et les obligations ont, aux États-Unis, ce caractère particulier de constituer de véritables emprunts hypothécaires dont la garantie est fournie par tous les biens de la Compagnie (immeubles, matériel, revenus).

Les Compagnies américaines ont aussi reçu assistance des pouvoirs publics (etats, comtés, municipalités), pour réunir les ressources dont elles avaient besoin, soit sous la forme de subventions en argent, de garanties d'intérêt, de travaux exécutés (mais rarement), soit sous la forme de souscriptions d'actions et d'obligations, et aussi de concessions de terres.

Ce dernier mode, particulier à l'Amérique, est celui qui a le mieux réussi. Les États, et aussi le Gouvernement fédéral, faisant aux chemins de fer d'importantes concessions de terres dans les vastes territoires, inhabités et incultes, situés à l'ouest du Mississipi, les compagnies ont aussitôt imprimé un élan immense à la colonisation de ces contrées, qu'elles ouvraient à l'immigration, et ont, par leur développement même, créé à leurs possessions une forte plus value, dont elles furent appelées les premières à profiter tant par le trafic que par les ventes de terres.

Régime légal. — Mais si les pouvoirs publics ont souvent prêté leur concours financier aux entreprises des Compagnies de chemins de fer, le Gouvernement fédéral s'est toujours abstenu, à leur égard, de tout acte de juridiction, les laissant relever uniquement de l'État où leur réseau est situé, et n'attribuant à chaque concession aucun caractère de monopole ou de privilège.

La constitution des Compagnies, dont l'initiative est généralement laissée entière à l'industrie privée, est réglée légalement par un acte de l'État où la ligne doit être établie.

Les concessions, autrefois perpétuelles, sont, depuis quelque temps, accordées pour une durée limitée. Le droit d'expropriation s'exerce à peu près dans les mêmes conditions que chez nous.

Des lois spéciales sont destinées à prévenir le monopole et la coalition des Compagnies ; mais la façon dont les pouvoirs publics exercent le contrôle n'est pas encore fixée définitivement. Tantôt nul, tantôt permanent, tantôt intermittent, il a permis, par exemple, que les tarifs fussent abandonnés un jour à l'arbitraire des Compagnies, un jour à celui de l'État. Heureusement, l'intervention de ce dernier n'a jamais été que momentanée ; et ce n'est pas dans un pays, où les citoyens sont si ennemis de toutes les restrictions et de toutes les entraves gênant leur liberté, qu'il est à craindre qu'elle revête jamais un caractère abusif et permanent, tant au point de vue du rachat qu'à celui du contrôle ou de l'exploitation.

CHEMINS DE FER A VOIE ÉTROITE ET TRAMWAYS

La prise en considération des conditions particulières s'imposant à l'ingénieur, qui doit construire et exploiter des voies ferrées dans les villes ou dans des pays montagneux et accidentés, a amené MM. Lavoinne et Pontzen, après avoir parcouru, comme on vient de le voir, le cycle entier des questions qu'embrasse l'industrie des transports, à ne considérer cependant leur œuvre comme complète, qu'en la terminant par une étude spéciale des chemins de fer dans les villes et des chemins de fer à voie étroite.

CHEMINS DE FER DANS LES VILLES

Je pense qu'il n'est pas besoin de faire ressortir l'importance des voies de communications à l'intérieur des grandes villes, et de rappeler l'intérêt que cette question comporte pour les ingénieurs français, l'année même où elle a été l'objet, à la Société des Ingénieurs civils, de longues et nombreuses discussions. Mais il serait bien difficile de tirer une conclusion de tous les débats auxquels a donné lieu notre futur Métropolitain; l'on n'a pas abouti,

Et adhuc sub judice lis est.

Il n'est donc pas inutile, peut-être, d'appeler l'attention sur la manière dont les Américains ont résolu le problème, et le livre que nous étudions nous donne, sur ce sujet, des renseignements précieux. Nous n'en ferons ici qu'une mention générale, en engageant instamment le lecteur, qui s'intéresserait particulièrement à cette question, à consulter, avec le soin qu'elle mérite, toute la partie de l'œuvre de MM. Lavoinne et Pontzen consacrée à cette étude.

Tramways. Chemins de fer à câble. Chemins de fer aériens. — C'est en Amérique qu'a été appliquée, pour la première fois, à la circulation dans les villes, la traction sur rails. Cette application s'est depuis répandue dans le monde entier; mais elle ne s'est nulle part développée autant qu'aux États Unis, où la configuration des villes favorisait d'ailleurs ce développement, et où elle est devenue l'objet de nombreux et divers essais, dont quelques-uns n'ont pas encore pris pied en Europe. Tels sont notamment : les chemins de fer à câble sans fin de San-Francisco et le chemin de fer aérien de New-York.

Les premiers chemins de fer à crémaillère, qui ont servi de type à celui du Righi et à quelques autres d'Europe (Kahlenberg, Schwabenberg), ont aussi été établis en Amérique.

Pour les tramways ordinaires, leurs conditions d'établissement ne diffèrent pas beaucoup de celles qu'on rencontre chez nous. La construction de la voie est simplifiée le plus possible et on apporte le plus grand soin à perfectionner le matériel roulant. La substitution de la traction mécanique à la traction par chevaux a été, en Amérique comme en Europe, l'objet de nombreux essais : machines sans feu, locomotives, machines à air comprimé, à eau chaude, etc.; cependant aucun de ces systèmes n'est encore entré dans la pratique sur une large échelle.

Mais la traction par câble avec machine fixe, telle qu'elle est établie sur les tramways funiculaires de San-Francisco, semble avoir parfaitement réussi, et plusieurs villes de l'Union, Chicago entre autres, pratiquent déjà ce système, dont les auteurs donnent, dans leur ouvrage, une description très complète.

Nous trouvons enfin les principaux détails d'exécution d'ensemble des chemins de fer aériens de New-York, dont on ne peut assurément nier les inconvénients, au point de vue de l'aspect et de l'incommodité relative qui en résulte pour la circulation ordinaire, mais qui n'en ont pas moins constitué, pour cette ville, la solution la plus économique et la plus avantageuse du problème imposé actuellement à l'édilité parisienne.

CHEMINS DE FER A VOIE ÉTROITE

Généralités. — Grâce à la grande liberté dont jouissent en Amérique les Compagnies de chemins de fer, elles ont pu, ainsi que nous l'avons déjà dit en parlant de l'établissement de la *Voie*, adopter différentes largeurs de voie et choisir dans chaque cas celle qui leur paraissait la plus avantageuse. De là, la grande variété que présentent sous ce rapport les lignes américaines.

Nous avons vu, en même temps, qu'après la voie normale de $1^m,435$ celle qui est la plus répandue est la voie étroite, de $0^m,91$ (3 pieds) aux États-Unis, et de $1^m,05$ au Canada.

En 1880, on comptait dans ces deux pays 8.699 kilomètres de chemins de fer à voie étroite, et on projetait d'adopter cette voie pour plus de 8.000 kilomètres de nouvelles lignes.

C'est que ce choix est un moyen puissant, et souvent le seul qu'on possède, d'établir une meilleure proportion entre les dépenses et les recettes, soit que l'on ait à construire une ligne dans un pays accidenté, soit que l'on veuille desservir des intérêts purement locaux et qu'on ne puisse compter que sur un faible trafic.

Aussi la question des chemins de fer à voie étroite s'impose-t-elle aujourd'hui en France à une étude sérieuse de la part des ingénieurs, à l'attention des économistes et aux méditations des pouvoirs publics. L'exécution du grand programme de travaux inauguré en 1878 vient d'être l'objet dans le Parlement de longs et importants débats. Ce qui semble ressortir de cette discussion solennelle, c'est qu'il y a une disproportion réelle entre les sommes dépensées et les résultats acquis; soit parce que, au lieu d'entreprendre un nombre limité de lignes, d'en hâter l'achèvement, et de les mettre ainsi au plus tôt en état de rapporter (ainsi qu'on le fait en Amérique, où l'on est pénétré de la nécessité de raccourcir le plus possible la période d'exécution, toujours improductive), on en a commencé, les ressources restant les mêmes, beaucoup trop à la fois, de telle sorte que le produit se fera, sur toutes, longtemps attendre; soit parce que l'on n'a pas su résolument adopter les solutions économiques qu'exigeait parfois ou le peu d'importance du trafic prévu, ou les difficultés du parcours; soit enfin parce qu'on n'a pas reconnu tout le parti qu'on pouvait tirer, en de telles circonstances, du concours de l'industrie privée.

C'est sous la pression de ces préoccupations légitimes que l'État et quelques grandes Compagnies ont encouragé la création d'un certain nombre de chemins de fer à voie étroite, et nous pensons que ces lignes sont appelées à recevoir un grand développement.

Lorsque, en effet, des intérêts d'un ordre supérieur, et notamment les considérations militaires, n'imposent pas l'unification de la voie, il y a lieu, pour les lignes d'intérêt local à faible trafic, et surtout dans les régions accidentées, d'adopter la voie étroite, qui s'approprie le mieux à ces conditions particulières, et qui fournit la solution la plus avantageuse du problème des transports économiques.

Avantages de la voie étroite. — *Construction et exploitation.*

Quelques détails, donnés sur les conditions d'établissement et d'exploitation des chemins de fer à voie étroite, feront mieux comprendre la portée de ces diverses considérations.

Pour ce qui regarde l'exploitation, on conçoit aisément que l'on puisse, sur les lignes à voie étroite mieux que sur les autres, pousser très loin l'utilisation du matériel roulant et réduire considérablement le personnel; mais cet avantage ne doit pas être considéré comme exclusif, et les mêmes simplifications peuvent être apportées dans l'exploitation des petites lignes à voie large.

C'est principalement sur les dépenses de premier établissement que porte l'économie réalisée par l'adoption de la voie étroite.

D'après le Congrès d'ingénieurs tenu à Saint-Louis en 1873, les réductions de dépense opérées à la fois sur les terrassements, la voie et le matériel roulant permettent de réaliser une économie de près de 40 pour 100 en pays de plaines, et une bien plus forte encore en pays de montagnes. Quant à l'exploitation, les diminutions opérées sur les dépenses de traction et sur celles d'entretien de la voie, que le matériel roulant plus léger fatigue beaucoup moins, procurent de ce chef une économie qui peut s'élever jusqu'à 25 pour 100.

Mais il est juste d'ajouter que cette dernière économie est notablement diminuée par les frais de transbordement. Il faut reconnaître que là gît le principal inconvénient de la voie étroite. C'est donc sur cette question du transbordement qu'il faut surtout attirer l'attention et appeler des perfectionnements : tous les efforts des ingénieurs doivent tendre à rendre cette opération à la fois moins coûteuse, plus simple et plus rapide.

A ce point de vue, l'emploi du matériel américain, dont les caisses de wagons peuvent être soulevées facilement et s'adapter à des trucks de voies différentes, pourrait peut-être fournir une solution satisfaisante du problème; et il est permis de penser que les ingénieurs européens trouveraient, à ce sujet, d'utiles emprunts à faire à l'Amérique, où, par suite de la diversité des largeurs de voie, la nécessité du transbordement, se présentant fréquemment, a fait naître des solutions nombreuses de cette question, ainsi que nous l'avons exposé au chapitre de la VOIE (pages 11 et 12) [1].

De même, pour les voitures à voyageurs, la flexibilité du matériel américain le rend plus propre à parcourir les tracés sinueux des lignes à voie étroite.

En effet, la grande économie réalisée par l'établissement d'une voie étroite au lieu d'une voie large résulte surtout dans la possibilité de diminuer considérablement le rayon des courbes; et il est alors important, afin de ne pas occasionner une usure plus rapide de la voie et du

1. Au moment d'envoyer à l'impression notre travail, nous recevons le compte rendu du mois d'octobre 1882, qui contient le remarquable mémoire de M. A. Fousset sur l'*Algérie et les chemins de fer à voie étroite*.

Dans un chapitre très intéressant, semé de remarques judicieuses et abondant en chiffres statistiques, M. Fousset examine ce que valent les objections du transbordement et montre qu'il ne faut pas en exagérer les inconvénients, en indiquant, en outre, divers moyens de les atténuer. D'après lui, c'est surtout dans l'aménagement de la gare d'embranchement et dans l'emploi ingénieux d'appareils mécaniques qu'il faut rechercher la simplification, la rapidité et l'économie des transbordements. Il convient notamment (et ici nous citons textuellement le mémoire de M. Fousset) :

1° Que les wagons de la petite voie viennent se juxtaposer à ceux de la grande, au moyen de voies parallèles ;

2° Que les grands et les petits wagons puissent se placer bout à bout, la petite voie pénétrant dans la grande ;

3° Que les deux wagons, et, par suite, les deux voies, passent sous des appareils de levage ;

4° Que, pour certaines marchandises spéciales, l'on établisse des quais de différents niveaux avec pente, couloirs, etc., suivant les cas.

En rapprochant ces indications des détails que nous avons donnés au chapitre de la *Voie* (page 11 et 12), on peut se faire une idée à peu près complète des divers moyens proposés pour opérer les transbordements.

A ces différentes remarques, on peut enfin ajouter les suivantes. Il serait désirable que la charge des wagons de la voie étroite fût une fraction simple de la charge des wagons de la voie large, par exemple la moitié ou les deux tiers. On diminuerait ainsi le nombre des manœuvres, et on pourrait mieux utiliser la capacité des voitures.

L'emploi de cadres, dans lesquels on charge les marchandises, et qu'on peut transférer d'une voiture à l'autre sans opérer le déchargement en détail, est aussi à recommander. Il sera bon de donner à ces cadres des dimensions telles, que le chargement d'un wagon complet, aussi bien sur la voie normale que sur la voie étroite, puisse être constitué au moyen d'un nombre entier de cadres : cette dernière remarque complète la précédente.

matériel roulant, de posséder des voitures s'inscrivant facilement dans ces fortes courbes.

Le rayon minimum adopté pour la voie large est, en général, de 200 mètres; sur la voie étroite, on rencontre souvent des courbes de 100 mètres de rayon; et, dans certaines régions tourmentées, on a admis parfois des courbes dont le rayon est inférieur à 60 mètres.

Grâce à cette facilité de développement en courbe, on peut contourner les obstacles naturels qu'on serait, dans le cas de la voie normale, obligé d'entamer ou de franchir directement; cette possibilité permet de réduire beaucoup les terrassements et de diminuer, dans une forte proportion, le nombre des ouvrages d'art : ponts, viaducs, tunnels. En outre, on peut, pour la même raison, se développer en rampe et n'adopter, par suite, que des inclinaisons bien inférieures aux limites admises pour la voie large.

Un autre élément, et non des moins importants, de l'économie réalisée dans les dépenses de premier établissement de la voie étroite est fourni par l'emploi de rails moins lourds; et l'on peut citer des lignes américaines dans lesquelles on a posé des rails dont le poids s'abaisse jusqu'à 14 kilog. 7 et même 12 kilog. 5. (*Denver* et *Rio-Grande Railroad;* ligne de *Toledo et Maumee.*)

Enfin il est bon de noter que, sur les lignes à voie étroite, beaucoup de stations peuvent être réduites à de simples haltes, et que les stations proprement dites ne donnent lieu qu'à des installations simples et peu coûteuses.

Pour ce qui regarde le matériel roulant des chemins de fer à voie étroite, sa construction, plus légère, exige tout d'abord une dépense moindre; puis, comme on l'a dit plus haut, il détériore moins la voie et procure ainsi une réduction des frais d'entretien.

C'est moins la capacité utile des wagons que les dimensions des pièces entrant dans leur construction que les ingénieurs américains ont d'abord cherché à réduire; et ils ont conservé, pour les voitures des lignes à voie étroite, la grande longueur qui rend leurs voitures de voie large si différentes des nôtres. La suspension des wagons sur deux trucks articulés leur donne d'ailleurs, malgré leur longueur, une flexibilité qui contraste avec la rigidité du matériel européen et leur permet de circuler plus aisément dans les courbes.

Ces diverses considérations, dont on ne saurait méconnaître l'importance, ont amené la Compagnie du chemin de fer d'Anvin à

Calais, ligne à voie étroite achevée récemment, à mettre à l'essai une voiture américaine à bogies. Cette voiture, qui contient cinquante-six places, est suspendue sur deux trucks articulés à quatre roues. Elle a un couloir central, et on y pénètre par les plates-formes à marchepied placées aux deux extrémités. Elle fait, depuis un an, le service des voyageurs dans la partie la plus fréquentée de la ligne, entre Guines et Saint-Pierre, à la grande satisfaction du personnel et du public : aussi en fait-on construire actuellement deux autres du même modèle.

Les ingénieurs français, qui s'occupent de l'exploitation des chemins de fer à voie étroite, ne peuvent rester indifférents à ces heureux essais ; peut-être, en les poursuivant aussi pour les wagons à marchandises, parviendrait-on à obtenir cette appropriation aux exigences du trafic faible et du transbordement, qui est le trait caractéristique du matériel américain et qui est due en partie à un fractionnement convenable des charges portées par les wagons de la voie normale.

Quant aux locomotives, les trois types de la voie large, American, Mogul, Consolidation, sont aussi répandus sur les lignes à voie étroite ; mais, dans le type American, on substitue généralement au double bogie l'avant-train à un seul essieu ou pony-truck.

Exemples de chemins de fer à voie étroite.

(*Ligne française et ligne canadienne*).

Il nous paraît intéressant de donner, en terminant, un des exemples de chemins de fer américains à voie étroite que MM. Lavoinne et Pontzen ont cités dans leur ouvrage, et de mettre en regard les données correspondantes, relatives à la ligne française que nous venons précisément de signaler pour l'expérience qu'elle a faite du matériel américain.

Le chemin de fer d'Anvin à Calais a été construit dans le courant de ces trois dernières années par M. G. Arnoult, sous la direction de M. E. Level. La ligne, dans toute sa longueur, n'a été ouverte que depuis le mois d'août 1882. L'inspecteur de l'exploitation, M. Plocq, réside à Arras, chef-lieu du département traversé par la ligne.

La largeur de la voie entre les rails est de 1 mètre. Aussi, afin de nous rapprocher le plus possible de ces conditions, prendrons-nous, comme exemple de ligne américaine, une ligne du Canada, où l'on a adopté une largeur de 1^{m},05 pour la voie des deux chemins de fer de l'Ontario.

DÉSIGNATION.		LIGNE DE TORONTO GREY ET BRUCE.	LIGNE D'ANVIN A CALAIS.
Éléments constitutifs de la plate-forme.	Longueur de la ligne.......	317^{k}	94^{k}
	Largeur de la voie entre rails.	1^{m},05	1^{m},00
	Rayon minimum des courbes.	138	130
	Maximum des pentes et rampes.	0^{m},02	0,015^{m}
	Surface des terrains par kilom.	?	1 hectare 25
	Nombre moyen de mètres cubes de terrassements par mètre courant..............	5^{mc}	7^{mc},50
	Largeur de la plate-forme du terrassement........ déblai..	?	4^{m},30
	Largeur de la plate-forme du terrassement........ remblai.	?	4^{m},00
Éléments de la voie.	Longueur des rails.........	?	8^{m},00
	Poids des rails par mètre courant................	29 kilogr.	20 kilogr.
	Traverses (pin et chêne pour Anvin-Calais)...........	1^{m},80×0,15×0,15	1^{m},70×0,17×0,12
	Ballast...	?	Gravier dragué.
Matériel roulant.	Locomotives.. Nombre....	20	4
	Locomotives.. Poids.....	16 à 40 tonnes.	11 à 19 tonnes.
	Voitures à voyageurs........	12	33
	Wagons à marchandises.....	424	190

Quant au prix de revient, la ligne canadienne a coûté 68,500 francs par kilomètre, matériel roulant compris, et ce chiffre se décompose comme suit :

Terrassements, clôture, traverses, ouvrages d'art. . .	14.864^{f} 50
Rails et éclisses.	13.686 50
Pose et ballastage de la voie.	5.124 40
Bâtiments des stations.	1.844 50
Indemnités de terrains.	186 »
Télégraphe.	120 »
Surveillance des travaux.	2.280 »
A reporter.	38.105 90

Report.	38.105f90
Commission et direction.	1.168 »
Frias législatifs.	297 60
Matériel roulant.	7.936 »
Divers.	191 80
Dépenses complémentaires.	20.800 »
Total.	68.499f30

Voici maintenant pour la ligne d'Anvin à Calais le compte des dépenses de premier établissement au 30 septembre 1882, par kilomètre courant :

Frais généraux (constitution de la Société, études, personnel, intérêts des capitaux).	9.886f 27
Acquisitions des terrains.	15.521 33
Terrassements et ouvrages d'art, plantations. . . .	11.670 42
Bâtiments des stations, haltes et ateliers.	3.639 28
Matériel de voie et fixe, pose de voie, ballastage, télégraphes.	18.484 63
Matériel remorqueur et roulant.	7.633 27
Mobilier.	431 »
Total.	67.266f 20

Quelques dépenses complémentaires, dont le compte n'est pas encore définitivement réglé, mais dont le chiffre est à très peu près connu, porteront le prix de revient par kilomètre à 73,000 francs au plus.

Si l'on compare maintenant ces chiffres, on voit que les seuls entre lesquels on puisse accuser une différence notable sont ceux qui sont relatifs aux bâtiments et surtout aux acquisitions de terrains.

Pour les bâtiments des stations, la dépense sur la ligne française est plus élevée de 1.795 francs par kilomètre; mais il ne faut pas perdre de vue que les stations y sont bien plus voisines que sur la ligne canadienne. La région que cette dernière traverse ne compte que quatre habitants par kilomètre carré; le Pas-de-Calais en compte cent vingt. Aussi a-t-on établi sur la ligne d'Anvin à Calais vingt-quatre stations (quatorze gares et dix haltes), soit en moyenne une station tous les 3 kilomètres.

Quant aux acquisitions de terrains, elles ont coûté, en France, 15.335 francs plus cher qu'au Canada où elles n'atteignent que le chiffre minime de 186 francs. Ce fait s'explique facilement par les conditions toutes différentes dans lesquelles s'effectue la vente des terres dans les deux pays; et, tout particulièrement dans le cas que nous citons, le jury d'expropriation du Pas-de-Calais a fixé pour les indemnités des chiffres beaucoup plus élevés que ceux auxquels on pouvait s'attendre.

Si donc on faisait abstraction des indemnités relatives aux terrains, dépense indépendante de la façon dont les travaux ont été dirigés, on obtiendrait pour la dépense kilométrique, sur la ligne française, un chiffre inférieur d'environ 10.000 francs au chiffre correspondant sur la ligne canadienne.

Cette comparaison fait honneur à l'éminent directeur de la Compagnie, ainsi qu'à l'ingénieur chargé par lui du service de la construction. Aussi ont-ils reçu les félicitations des principaux administrateurs et ingénieurs de la Compagnie du Nord, qui visitèrent la ligne au mois de septembre 1882, ainsi que celles d'un grand nombre de membres du Parlement invités à faire une tournée sur le nouveau chemin de fer le 3 décembre dernier. Et, dans un remarquable article sur la situation financière de la France, publié récemment dans le *Journal des Économistes*, M. Léon Say écrivait, à propos du chemin de fer d'Anvin à Calais, les quelques lignes qui suivent et que nous croyons bon de citer :

> Les députés devraient se servir de leur carte de circulation pour aller à Calais. Outre qu'ils verraient en passant qu'on dépense beaucoup d'argent dans les ports et qu'il y a un intérêt vital à ce que l'État conserve assez de capitaux pour achever les travaux commencés, ils pourraient faire connaissance avec un petit chemin de fer dont la voie n'a que 1 mètre de large et dont le parcours est de 90 kilomètres. Ce chemin de fer pénètre au cœur même des villages, parce qu'il tourne autour des propriétés trop chères, et il n'a coûté que 70.000 francs le kilomètre... On pourrait trouver 3.000 *kilomètres de réseau classé*, surtout dans les pays de montagne, à construire sur ce modèle. Si on en évalue la dépense à 80.000 francs au lieu de 240.000 francs (prix de revient kilométrique du réseau de l'État), on pourrait économiser 400 à 500 millions.

Je me suis étendu un peu longuement peut-être sur ce chapitre des chemins de fer à voie étroite. Mais si je suis sorti à ce sujet des limites d'un simple compte rendu, j'ai pour excuse le haut intérêt qu'éveille aujourd'hui cette question dans toutes les contrées de la France, et en particulier dans la région du Nord vers laquelle, en enfant du pays, je dirige le plus souvent mes pensées, et où l'on vient, récemment encore, de décider la construction de plus de 300 kilomètres de lignes à voie étroite, rayonnant pour la plus grande part dans la Somme et aussi dans l'Aisne, le Nord et le Pas-de-Calais [1-2].

1. Ces lignes sont les suivantes : d'Abbeville à Hesdin,
d'Albert à Noyon,
de Montigny à Nesle et Erche,
d'Albert à Montdidier,
d'Albert à Doullens,
d'Amiens à Vieux-Rouen,
d'Épehy à Guise,
de Combles à Bapaume,
de Noyelles au Crotoy,
de Saint-Valéry à Cayeux.

La construction de ces lignes a été votée dans la dernière session extraordinaire du Conseil général de la Somme. C'est M. E. Level, directeur de la Compagnie du chemin de fer d'Anvin à Calais, qui en a été déclaré adjudicataire, au prix de 64.000 francs par kilomètre.

2. Comme nous en avons déjà eu l'occasion à propos de la question des transbordements, nous nous permettrons de signaler une fois encore le mémoire de M. A. Fousset sur l'*Algérie et les chemins de fer à voie étroite.*

La lecture de ce mémoire fait ressortir d'une façon lumineuse les considérations que nous avons exposées; elle montre, en outre, que ce n'est pas seulement en France, mais encore et surtout dans nos colonies, et notamment en Algérie, qu'il y a lieu de recourir à l'emploi de la voie étroite. Nous ne saurions mieux faire à cet égard que de citer les conclusions par lesquelles M. A. Fousset termine sa longue et intéressante étude.

« *La voie large*, dit-il, *n'est nullement à sa place en Algérie;* les dépenses énormes qu'elle entraîne sans nécessité, en écrasant le budget, étoufferaient infailliblement l'œuf dans son éclosion. »

« *Le réseau algérien doit être établi à voie étroite;* cette solution est la seule qui puisse permettre de doter notre colonie du réseau complet, absolument indispensable à sa sécurité et à son développement. »

TABLE DES MATIÈRES

Paris. — Imprimerie E. CAPIOMONT et V. RENAULT, rue des Poitevins, 6.

www.ingramcontent.com/pod-product-compliance
Ingram Content Group UK Ltd.
Pitfield, Milton Keynes, MK11 3LW, UK
UKHW020217200726
13856UKWH00004B/1454

9 782013 630214